李安的数学冒险

长 度

韩国唯读传媒　著
王曜　译

江西高校出版社

快乐地学数学

面对当今高科技的数字化时代，数学素养是创新型人才的必备素养。

数学学科是一门符号性质的抽象学科，是思维的体操，因此“爱学”“会学”数学应该是培育数学素养的主要渠道。三到十岁的孩子正处于以具体形象思维为主导形式逐步转向以抽象思维为主导形式的阶段，在面对他们时，如何才能让他们快乐地学数学、为数学素养打下基础呢？近期我阅读到一套科普漫画《李安的数学冒险》，这套书的架构和表述形式有一定的新意，并且对培养孩子的数学素养有很好的促进作用。

首先，这套书采用了卡通漫画的形式，并且在富有挑战性的故事中自然地插入这个年龄阶段该学的数学知识和概念。好奇心是孩子与生俱来的心理素养，孩子们对世界充满好奇，喜欢挑战、喜欢卡通人物以及他们的故事，所以这套书的形式和内容是符合这个年龄段孩子的心理需要的，因此这样的学习是快乐的。快乐的情绪就能产生“爱学”的行为，有了爱学数学的行为就有了主动学习数学的内驱力。

其次，本套书在数学知识的呈现上，可以较好地把孩子学习过程中使用的三种表征即动作表征、形象表征、符合表征和谐地结合起来。如《李安的数学冒险——加法和减法》这册书中关于学习进位加法这部分内容，从生活情境出发，从取盘子这件小事儿入手。书中人物先取了 29 个盘子，后又要取 7 个盘子，问一共取了多少盘子。本书在解答这个问题时层层递进，先把实际问题转化成模型，用模型表示 29 和 7 这两个数字，之后再引入数学符号 $\begin{array}{r}29\\+\ \ 7\\\hline\end{array}$，这样的知识建构是符合这个年龄阶段孩子的认知规律的。

最后本套书能够注意在知识学习中渗透思维发展，让孩子在计算中学会思考，如《李安的数学冒险——加法和减法》这册书中关于进位加法的学习，在解答问题之前，先展示了孩子在学这部分知识时会出现的普遍性错误，如：

$$\begin{array}{r}29\\+7\\\hline 99\end{array}\qquad\begin{array}{r}29\\+\ \ 7\\\hline 16\end{array}\qquad\begin{array}{r}29\\+\ \ 7\\\hline 216\end{array}$$

让孩子在判断正误时想一想、说一说，从中学会数位、数值的一些基本概念，再用模型验证进位的过程。

孩子在这样的学习过程中可以学会独立思考，学会思考是数学素养的核心素养，也是教育者送给孩子的最好礼物。

张梅玲，中国科学院心理所研究员

著名教育心理学家

长期从事儿童数学认知发展的研究

人物介绍

李安（10岁）

现实世界的平凡学生，
喜欢与魔幻有关的小说、
游戏、漫画、电影，
不喜欢数学。
武器：悠悠球。

爱丽丝（7岁）

魔幻世界的公主。
富有好奇心。
武器：魔法棒。

菲利普（10岁）

魔幻世界的贵族，
计算能力出众。
剑术和魔法也比
同龄人强。
武器：剑。

诺米（10岁）

喜欢冒险、
活泼开朗的精灵族。
图形知识丰富。
使用图形魔法。
武器：弓。

帕维尔（10岁）

矮人族，擅长测量相关的数学知识。

武器：斧头，锤子。

吉利（13岁）

能变身为树木的芙萝族，学过所有的数学基础知识和魔法。

武器：琵琶。

沃尔特（33岁）

奥尼斯王宫的近卫队长，数学和魔法能力出众。擅长制造机器，为爱丽丝制造了一个机器人。

纳姆特

沃尔特为了保护爱丽丝而制造的机器人。

被李安击中之后成为了奇怪的机器人。

本书中的黑恶势力

佩西亚

想要称王的叛徒。为了抢夺智慧之星，他一直在追捕李安和爱丽丝。

武器：浑沌的魔杖。

西鲁克

佩西亚的忠诚属下，也是沃尔特的老乡。由于比不过沃尔特，总是排“老二”。所以他对沃尔特感到嫉妒和愤怒。

达尔干

奥尼斯领主德奥勒的亲信，但其实是佩西亚的忠诚属下。作为佩西亚的情报员，向佩西亚转达《光明之书》的秘密。

奴里麻斯

佩西亚的唯一的亲属，是佩西亚的侄子。从小在佩西亚的身边长大，盲目听从佩西亚。

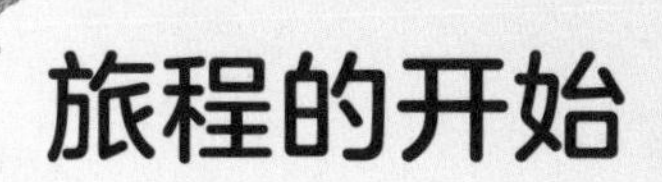

旅程的开始

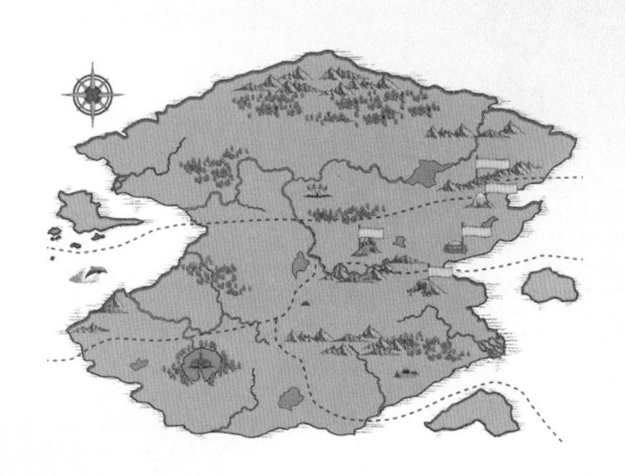

李安在现实世界是个不喜欢数学的平凡少年。

有一天，李安在博物馆里发现了一本书并连同书一起卷入了魔幻世界。

在魔幻世界，恶棍佩西亚占领了和平的特纳乐王国。

佩西亚用混沌的魔杖消除了世界上所有的数学知识。

没有了数学的魔幻世界陷入一片混乱。

沃尔特和爱丽丝好不容易逃出了王宫。

李安遇上沃尔特和爱丽丝，开始了冒险之旅……

目录

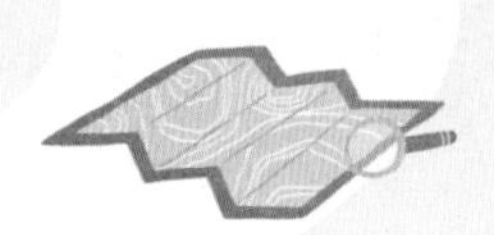
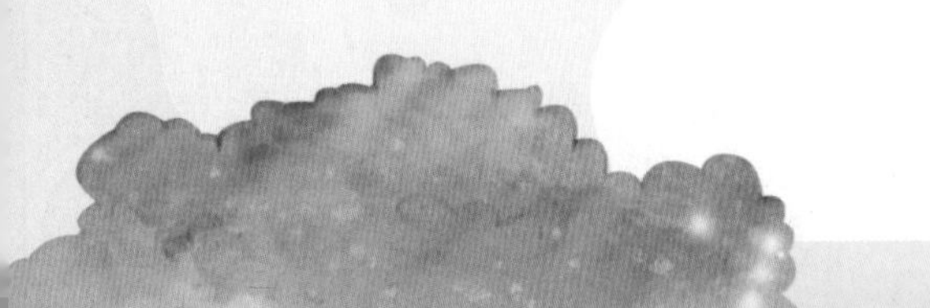

1. 矿工的村子

太阳马上就
要落山了。
这周围好像是
有村子的。

村子安全吗?
现在谁都没法相信了。

看那里，有岔路口。

有指示牌!
好像是精灵语?
写的是什么呢?

这上面写着想要去村子的话,
顺着短箭头方向走就可以了。

哪个箭头更短啊?
只用眼睛的话,
分不太清楚呀。
没有办法直接
比较啊。

有简单的方法。

什么方法?

有绳子之类的
东西吗？
我有一条
绳子。

没有办法直接
比较两个箭头
的长短。
所以要利用绳子。

来，这里。
用绳子？

怎么做？

用这根绳子测量左边
的箭头。
在绳子上标一下箭头
的长度。
之后,再用绳子……
和右边的箭头比较
一下就知道哪一个
更长了。

啊,这样的话两个箭头
不直接比较也可以……
可以比较两个箭头的
长度了!

赶紧来量一下吧。
我来抓着绳子。
那么我来标一下左边箭头的长度。

现在来和右边的箭头比较一下吧。

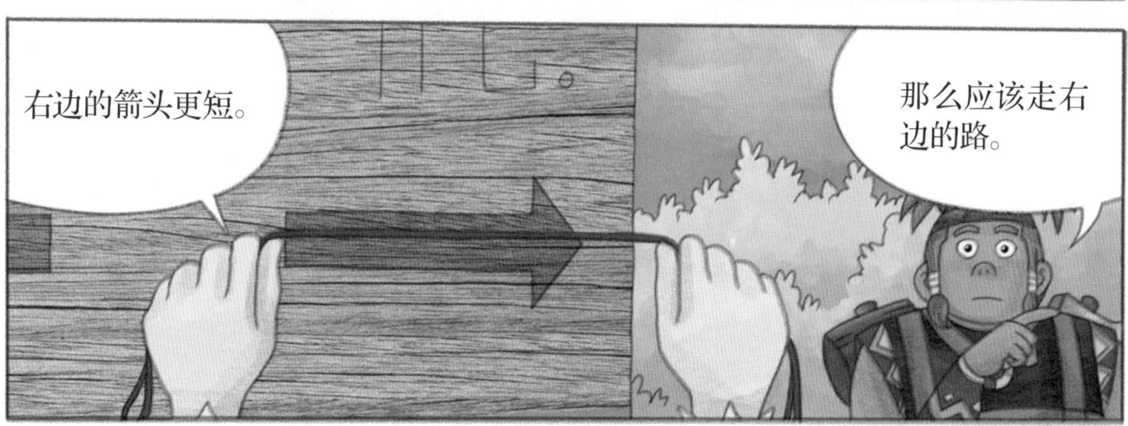
右边的箭头更短。
那么应该走右边的路。

哇！好壮观！
好棒啊！

第一次见这么大的花田。

太漂亮了。

但这是什么花啊？
这个嘛，
我也不太清楚。

我觉得像是
油菜花。
油菜花？花名
好奇怪啊。
我觉得左边
的花更高一
些啊？
右边开的花好
像更高一些。

那么直接比较一下
不就好啦!

你在做什么啊?
想拔朵花直接比较一下……

在埃皮纳绝对不允许拔花或者折断花!
知……知道了……

想要知道哪一侧的花更高我们测量一下不就可以了嘛。

又不能拔花，那我们
怎么量啊？

不是说过用绳子测量
就可以了嘛。
直接测量比较
麻烦的时候……

啊！对了！
可以直接观察。
但是比较起来很难。

那么用诺米姐姐的绳子
就可以了。

也可以用这把剑来进行比较。
用剑怎么比较啊?

先把剑竖起来，
然后和右边的花
进行比较。

这样子看的
话右边的花
比剑高。
好像是的。

那么右边的花比剑
高出多少呢？
这个嘛……就
这些？

这样表示不是很清楚啊。
相差多少没办法更准确地
表示出来吗？

使用单位长度就可以了。
单位长度？

像一拃或者一个手指
的宽度在测量某些长度的时候能够成为基准就称为单位长度。
分别测量一下有几拃吧。
右边的花有6拃。
左边的花有5拃。

我再教给你一个
有趣的方法。
是什么？

那把剑借
我一下。
？？？
为了测量这把剑的
长度……
看看谁的单位长度
用到的次数最多，
我们来找一下。

有什么呢?
得用什么样的单位长度，测量它的次数才能最多呢?

魔方?
不然一拃?
魔法棒?

单位长度越大，那么测量的次数也最多吧?

大家都找到了吧?

我找到了硬币。
我的是这个魔法棒!
我的是耳朵!

嘿嘿!我找到了最长的单位长度。

测量剑的长度时,谁拿的物品测量次数是最多的?

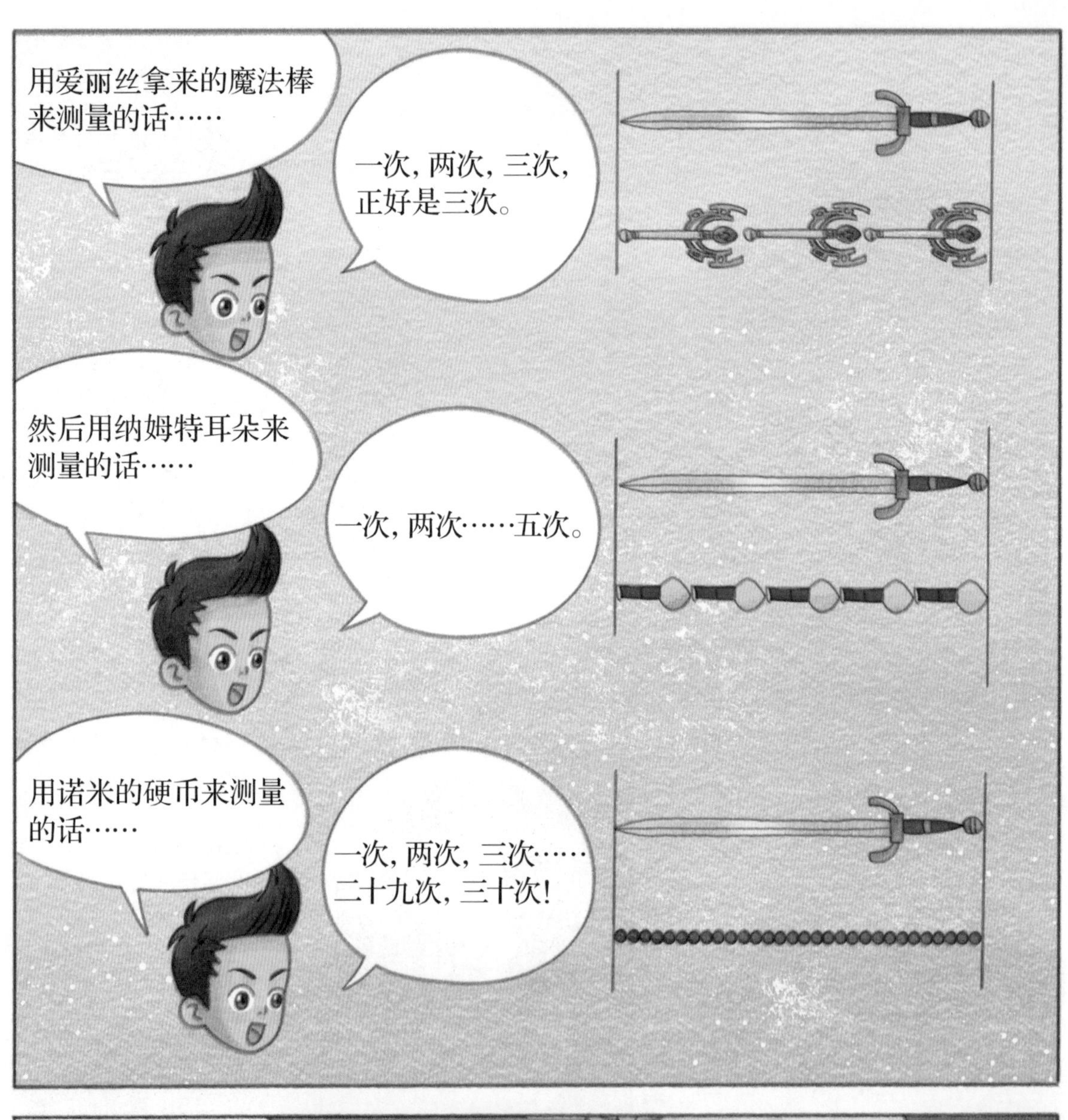
用爱丽丝拿来的魔法棒来测量的话……
一次，两次，三次，正好是三次。
然后用纳姆特耳朵来测量的话……
一次，两次……五次。
用诺米的硬币来测量的话……
一次，两次，三次……二十九次，三十次！

用诺米的硬币测量的次数最多啊！
原来如此。

好奇怪。

我以为单位长度长的话测量的次数会更多。
用长的单位长度测量的时候测量的次数更少呀。

使用短的单位长度的话测量的次数更多。
使用长的单位长度的话测量的次数会更少。

但是我的耳朵是
装在哪里来着?
在这里吗?
不然是这里?

赶快去村子吧。
天在慢慢变黑。
好的。

到底是什么样子
的村子啊?
去了就知道了吧。

等一下。
为什么？

先确认一下村子是不是安全吧。
这写着是矿工的村子。

在这里先看一下吧。
看不出来有危险。

能看见人。
但是有点儿奇怪。

有精灵也有小矮人!
那么是多种族一起生活的村子吗?

村子像是安全的吧?
好像是这样的。
那么赶紧进去吧。

我肚子都饿了。
能舒舒服服地休息就好了。
找到酒店的话就行了。

什么是酒店啊?
是吃的吗?
好吃吗?
啊!算了!

是小矮人叔叔!
在做什么呢?

您好!

我们正在旅行中,
现在想找休息的
地方。
是这样啊。
顺着这条路一直
走的话就有休息
的地方了。

是我不认识的
孩子们啊。

您正在做什么呢?
我是木工，在这里做家具啊。

床都做好了吗?
那当然，在那边呢。

您躺着试一试吧。
应该很结实吧?

啊!
吓一跳

这床为什么做
得这么小!
很奇怪啊……

明明就是按照横向4拃，
纵向8拃来制造的啊……

那不是小矮人叔叔的错。
什么?

您看看。
因为小矮人叔叔的一拃和精灵
叔叔的一拃大小是不一样的。

啊，原来如此！
那么现在怎么办？

这里有钉子啊。
要用钉子做什么呢？

把精灵叔叔自己的床重新测量一下。
把横向宽度和纵向长度，用这个钉子来量一下吧。

那之后小矮人叔叔也用一样的钉子
来测量长度就可以了。

这样就可以准确地制造出精灵叔叔想要的床了。
原来如此。
原来还有这样的方法啊。

我得回去测量一下床的长度了。
赶紧回来哟。

多亏了你们，我才知道了这么好的方法。
叔叔也忘了数学知识吗？

不知道从什么时候开始就不太记得数学知识了。
嗯……果然是这样。
村子里好多人都不太记得了。
像现在这样重新学就可以了。

本来也打算重新学的。

我们继续走吧。
好，我也累了。

孩子们！等一下！

用这个小钉子测量床的长度太累了。
为什么啊？

没有更简单的方法吗？
是哪里出错了呢？

连续使用这些小钉子，我数着数着就会记不清数到多少了。
还有，整齐地连续摆放钉子也很难。

看来并不是简单的方法。
还有其他的方法吗？

确定了共同使用的单位长度就可以了。

都使用一样的单位长度就可以了。
这样就可以解决现在这种使用不同单位长度所产生的问题了。
真的是好想法啊。
我们使用这么长的长度来用作单位长度。
那么用哪种单位长度比较好啊?

而且，“⊢——⊣”这么长的长度叫作1cm（厘米）。
1cm?

但是用这么小的单位长度的话……
制作床的时候要测量好多次。
会很不方便的。

我的想法也是一样的。
啊！正好那里有尺子。

为了解决这种
不便，
使用这种标有单位
长度的工具。

那是什么啊？
这个工具叫作
尺子。
是测量长度的工具。

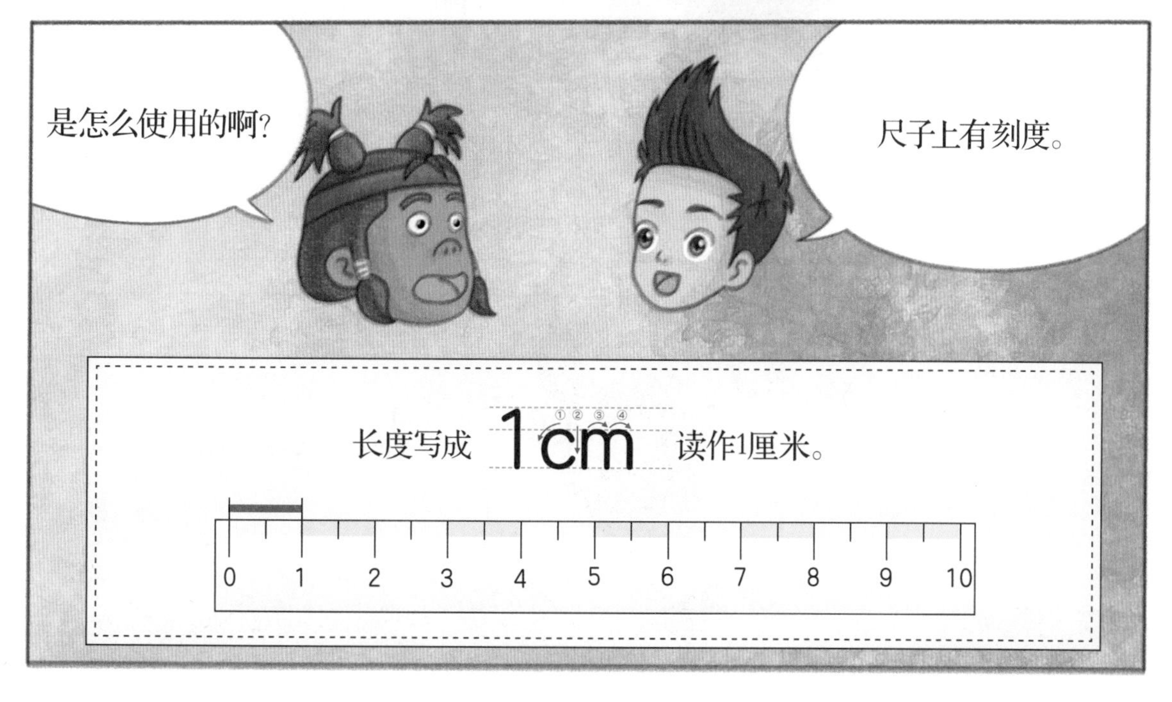
是怎么使用的啊？
尺子上有刻度。
长度写成 1cm 读作1厘米。
0 1 2 3 4 5 6 7 8 9 10

这个橡皮的长度是两个1cm，所以是2cm。
那么这个钉子的长度有四个1cm……
所以是4cm。
这个工具使用起来很方便啊！
使用尺子的话就能测量长度了！
原来如此。
像这样的工具我还有其他样子的。

我想看一下这个尺子。
这个就当作礼物送给你了。

这是什么啊？
这个嘛……长得像是绳子一样的尺子，我也不太清楚。

这个可以作为礼物送给我吗？
没问题。

嘿嘿！开心。
鞠躬

现在就走吧。
都已经是晚上了。
好，现在真的
该走了。

这些孩子们往
哪里走啊？
我告诉了他们矿工
的休息区。

那里不是谁都可以
进去的啊……
这些孩子也有
可能进去。

2. 黑影子

是这里吗？
好古老的建筑啊。

门锁了。
难道没人？
哐啷
哐啷

等一下，好像得知道这里的密码啊。
这里写了些什么。

请说出斧头图案和刀子图案的长度。机会只有三次！

那很简单啊。
我刚才教了啊。
啊！那么使用尺子的话应该就可以了。

斧头图案的长度是7cm。
刀子图案的长度是5cm。
那么密码就是7和5了。
真简单！

哦？
门没有开呀？
怎么回事？

长度量的准确吗？
那是当然。

你看！
是7cm和5cm吧。

不是啊！
错了。

为什么错了啊？
斧头要从尺子
的0刻度开始
测量。

使用尺子测量长度的时候……
物品的一边要和尺子的0刻度对齐。
然后读出来另一边对准的刻度。
斧头的长度不是7cm而是8cm。
测量刀子时，刀子一端是和尺子上的1cm对齐了。
那么刀子的长度就是4cm。
都不用再测量一次吗？那你是怎么知道结果的啊？
刀子的长度一共有4个1cm。

刀子的一端和尺子的0刻度对齐的话……
哇！真的是4cm呀！

那样的话密码就是8和4了。

咔
嚓
终于可以休息了。
啊！开了！
也可以填满肚子啦！

就只有这一间房……
没办法啊。

那也是可以休息的呀。
大家肚子不饿吗？

楼下有食堂，我们一起去看看吧。
好的。不管有什么先吃点儿吧。

但是吃什么呢？
这个吗……
你为什么
跟来啊？
我肚子也饿啊！

叔叔！这里有什么
食物啊？
今天的食物
都没有了。

那怎么办啊？
没有食物了？

啊！这里还剩下
一个面包。
真的？

真幸运啊！
分着吃就好了。

突然
那个面包给我吃！
？！

我们先下单的。
我现在非常饿！

我们肚子也饿。
我就要吃了这个面包!

那谁回答对这个面包的长度谁就吃!
是个好想法!

我们要是输了的话不就吃不到面包了吗?
不是有菲利普哥哥和李安哥哥嘛。
但是得要你来回答!
我吗?

这个面包的长度
是19cm!
我觉得是
20cm。

尺子能够借用
一下吗?
给。

现在来测量一
下面包的长度
就可以了。
面包的一端要和0刻度
准确的对上才可以。
这我也是知道
的好吧。

面包的长度
是20cm!
那么面包是
我们的喽!
这是什么话,
面包的长度不
是不到20cm
的吗?
所以是
19cm!
0 1 2 3 4 5 6 7 8 9 10 11 12 13 14 15 16 17 18 19 20 21 22

菲利普,这个
面包的长度
到底是多少
厘米啊?
说了是19cm啊!
是20cm。

粗略估计长度的时候
要说大约是多少厘米
才可以。
粗略估计?

爱丽丝粗略估计之后觉得是20cm……
叔叔粗略估计之后觉得是19cm。

说粗略估计长度的时候……
是要说大约是多少厘米啊。

说了是19cm了！
所以这个面包大约是20cm对吧？
是20cm对吧？

当物品的长度指向尺子刻度之间时，
读离得近的一边的数字就可以。
因为这个面包的长度离数字20更近……
所以大约是20cm。
0 1 2 3 4 5 6 7 8 9 10 11 12 13 14 15 16 17 18 19 20 21 22
那么是我答对了啊！
面包是我们的了！
切！小鬼们不简单啊。

啊！肚子好饱。
菲利普哥哥
没吃吗？
我不饿。

要是散步的话好像也
太晚了吧？
太麻烦了。

李安！和我一起去
吹吹风啊？
太麻烦了。

不要这样子！
你自己去不就
行了吗！
猛地

哼！知道了！
我自己去呗！
姐姐！去哪里啊？

里面好像有人
在吵架？
好像是啊。
能听到些声音。
左顾
右盼

反正也没有能
去的地方……
进去看看吧。

嗯……

我说了我的个子更高!
不是! 我更高!

一定是我
更高!
你看看!
是我更高!

叔叔! 用尺子量
一下彼此的身高
就可以了啊。
那样就可以准确地知道谁的个子更高了。
嗖

那很好啊!
好啊!就来准确量一下个子!

请站在这里。
怎么看都是我更高。
我更高!

现在在这里做个标识……
叔叔给的那把尺子呢?
对了!我的礼物也是尺子。

在这儿!

爱丽丝，你来量一下怎么样？
知道了，我来量。

10cm，20cm，30cm……
爱丽丝……在10cm的地方要重新和尺子的0刻度对齐才行。

啊！对了。重新量吧。

10cm，20cm，30cm，40cm……
嗖

110cm, 120cm, 124cm,
第一个叔叔的身高是124cm。

然后第二个叔叔的身高是……
10cm, 20cm, 30cm……
110cm, 120cm, 125cm!

看吧，是我更高吧！
不可能啊……

用10cm的尺子来量好累啊。

有更简单的
测量方法。
真的吗?

比起小单位来说用大单位
来表示长度会更容易。

使用比厘米更大的单位
米就可以了。
米?
那是什么呀?

100厘米叫作1米。1米写作1m。
1m
100cm=1m

啊！原来1m是100cm啊。
那么第二个叔叔的身高是125cm，所以……
可以说成是1m25cm吧？

第一个叔叔的身高是124cm对吧。
是的，对的。
124cm不是比100cm多出来24cm来嘛。

所以是1m24cm。
回答正确。

哥哥的身高是多少啊？
我？我最近没有量过。

我觉得大概有140cm。
不是吧。应该会超过150cm吧。

都没有量，你们怎么知道的啊？
我们刚才量身高的时候，不是做了以10cm为单位的标识嘛。

我用眼睛估算了一下。
展开双臂的长度大概是100cm，就是1m。

李安看起来比1.5m的高度都高。
那他就应该是超过1m50cm。

哇！你真厉害！
那么我亲自来确认一下。

还是用10cm的尺子测量吗？
对啊。刚才很辛苦的啊……

卷尺？
刚才帕维尔收到的礼物好像就是卷尺……

对的。那个好像就是卷尺。
这个？

哦？真的是尺子。
是5m长的尺子。

首先先做好
标识……
哼……

这样子量。
嗖

菲利普哥哥说对了。
哇!
是155cm啊。

知道1m是多长的话预测
起来就很容易了。
我也试试?

这个长度是1m。
嘶

那这个桌子的高度大概就是1m。

呜!
真的是1m5cm的。
其他的我也试试?

这个装饰柜的高度大概是桌子的两倍?
大概是2m吧。

是1m99cm!爱丽丝太厉害了!

我再告诉你一个知识。
还有？

还有分米这个单位。
分米？
那个又是什么啊？

1分米就是10厘米。
分米可以写成dm。
所以10cm就是1dm。
1dm
1 dm=10 cm

那么1m就是10dm?
是吗?

1dm就是10cm所以10dm就是100cm了。
100cm就是1m所以10dm就是1m了。

爱丽丝学得很快啊。
果然爱丽丝最棒!

赶紧睡吧!困死了!
你不是可以不睡嘛!
好, 赶紧休息吧。

哐 啷
我回来了!
不回来也行。
啊!正想睡觉呢!

看看这个!

在村子里遇见的姐姐
送给我的礼物。
姐姐,
那是什么啊?
好像是短剑?

但是没有刀鞘啊？
所以呢？

帮我做个刀鞘吧。
为什么？

你真的要这样吗？
别发火啊！

想要做刀鞘的话首先要
测量出短剑的长度。

我这里有尺子，来量一下
看看吧。

但是尺子好小啊。
是啊，尺子好像得
再长一点儿。

嗖
呜哇!

这……这个是
魔法尺子吗?
太神奇了。

那么现在来
测量一下短剑
的长度吧。
好！赶紧快
量量看吧。

这个短剑的长度
比21cm长一点。
是吗？
我也要试试。

我测出来的是比22cm短一些？
一把短剑怎么能量出来
不同的长度呢？

把21cm和22cm中间的距离平分成两半怎么样?
平分成两半?
那就试一下。

平分成两半会比原来的长度更短些。
没有更好的办法了吗?

把21cm和22cm之间的距离平均分成10格……
这样就可以更准确地表示长度了吧?

真是好想法。
那要试一试啊。

平分成10格之后
再测量一下……

短剑比21cm还长出来4格。

这是到现在为止的测量
中最准确的一次。
0 1 2 3 4 5 6 7 8 9 10 11 12 13 14 15 16 17 18 19 20 21 22

刀子的长度是21cm再加上4格……刀鞘制作的再长点就行了。

把1cm分成10格，每个小格的长度还有另外的名字。
真的吗?

把1cm平分成10个刻度的时候
这一个小格的长度写成1mm。
然后读成1毫米。
1 mm
0 1
0 1 2 3 4 5 6 7 8 9 10
把1cm平分成10个小格。这一个小格的长度写成1mm，读成1毫米。
1mm
1 cm=10 mm

然后这个短剑的长度……
就是21cm4mm了。

好，答对了。
也可以说是
214mm。
1cm分成10个小格
一个刻度……
是1mm，10个1mm
和1cm一样。
因为1cm和10mm一样所以
21cm就是210mm……
214 mm=21 cm 4 mm
短剑的长度就
是214mm。

那么刀鞘要用什么来做啊?
我已经准备了皮革。

我们一起做吧?

好啊!反正也睡不着……
我也要!我也要!

纳姆特!你都给搞砸了!
再做一次就行了。
哈哈……

3. 弥诺陶洛斯

哇！今天天气真好。
我都没有好好睡觉。
赶紧出发吧。

累的话坐纳姆特走吧。
没关系的。
是谁说了要我载？

多亏了爱丽丝才有的你，不是吗！
是吗？是吗？

那我要只载爱丽丝!
砰
你要载我我也不坐!
谢谢纳姆特……

只有我坐怎么办?
我没关系。
我也要走着。

但是怎么这么沉啊?
……
嘿嘿嘿!
嘿嘿……

好累!
机器人怎么会累啊?
我现在要下来。

但是还要走多久啊?
大概是从村子到现在这个地方的距离……好像要再走九次这么长的距离吧?

我们从出发到现在走了多久?

我们从村子到这里大概
走了1千米。
千米?
学过米,但是千米
是什么啊?

千米是比米更大的单位。
1000m写成1km,读成1千米。
1km
1000 m=1 km
1000m是1km?
真是想象不出来
是多大的单位。
还有那样子的单位啊。

帕维尔，卷尺给我一下。
怎么了？

你抓着这个走到头。
知道了。

这个卷尺是5m。
我站着的地方到帕维尔站着的地方就是5m。
这个我知道。

帕维尔和我的距离的
10倍就是50米啊。
对啊。

那么1000m是多远呢？
1000m的话就
是20个50m，
所以……
哇！是挺远
的啊！

之前给沃尔特叔叔
找药材的时候，
纳姆特行驶得很快。
就想着大概行驶1分钟
的距离就差不多。

一般以大人的速度来看，
要走15分钟左右。
那么走1km的话要
走多少分钟啊？

我们不休息地走1km，
大概要用18分钟。
原来如此。

那么1500m可以说
是1km500m吗？
是，对的。

我也理解了。2km80m可以表示成280m吧?
好像不是啊……

错了。再想想。
2km是2000m，2000m再加上80m的话……

是2080m啊!
嘿嘿!
失误了啊。
非常有趣的对话呀!

啊!!!

那……那个……
第一次见到这种怪物啊!
!!
弥诺陶洛斯!
弥诺陶洛斯?
那……那是什么啊?
在神话里出现的受到诅咒的怪物啊!
我在书里看过!

非常了解我啊!
那么也应该知道我是非常可怕的吧!

只要爱丽丝跟我走，其他人都会平安无事的。
不要!我不去!
绝对不可能!

那么谁都不可能通过这里!
不可能有那种事?
对的!

这个牛在说话啊?
想吃牛肉……

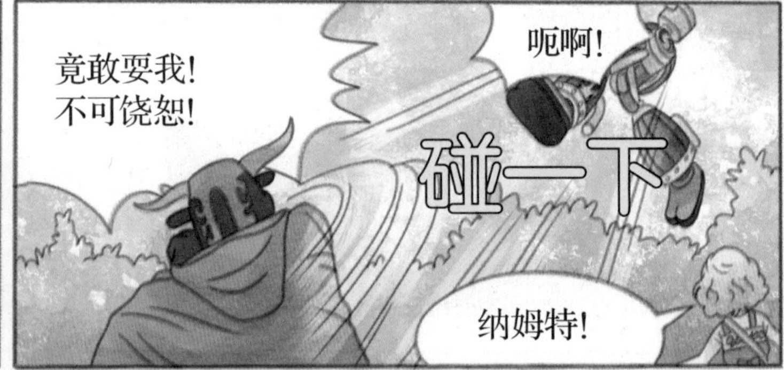
竟敢耍我!
不可饶恕!
呃啊!
碰一下
纳姆特!

我来奉陪!

奉陪我？
决不可能！
哐
危险！
都闪开！
哗
啦
啦
哇！
尝一下我魔法箭
的厉害！

魔法箭?
噔
挺像样的啊!

也接我一招!
嗒
嗒
嗒
你带不走爱丽丝的!

小鬼们还挺像样的啊!
噔
噔
噔

爱丽丝，我们也一起攻击他吧。
知道了！

现在来接受我的攻击吧！
砰
砰
呜哇！

帕维尔！小心！
砰
挨到一下就要出大事儿了！
砰
砰

这次给你展示一下
特别的弓箭!

嗬!很厉害的魔法箭啊!

但是这对我
是没有用的!

接招吧！
这又是什么啊？
啪

还有我的
悠悠球！
咻
哗

啊！
啪

哆嗦
啊！疼！好疼！

原来如此！
牛角是他的弱点啊！
那么我们要
攻击牛角了！

再来攻击一次吧!
嗒
一起同时攻击吧!
嗒
嗒
好!
弱点被发现了……
下次再见!那时候我绝对不会放过你们的!
哗

咻
牛肉往哪儿走!

也不怎么样啊。
多亏了李安。
对的。

那也要多加小心了。
好! 怪物们也都是佩西亚的部下……

要赶紧开始找碎片了。
出发吧。

4. 危险的路

爱丽丝的魔法
也很棒。
太弱了啊。

和之前相比进
步很多了啊。
虽然进步了，
但是……

继续学习数学的话，
魔法会变得更强的。
嗯！我会努
力学习的。

我告诉你一些你不知道的单位啊？
什么啊？

① in（英寸），英美制长度单位，1in=2.54cm。

虽然我生活的地方使用的都是米或厘米等，
但在有些地区也会使用英寸。

我在魔法学校里也听过，
英寸也是一种长度单位。

1in最早是从成年男人大拇指的宽度得来的。
现在1in是固定长度，1in=2.54cm。

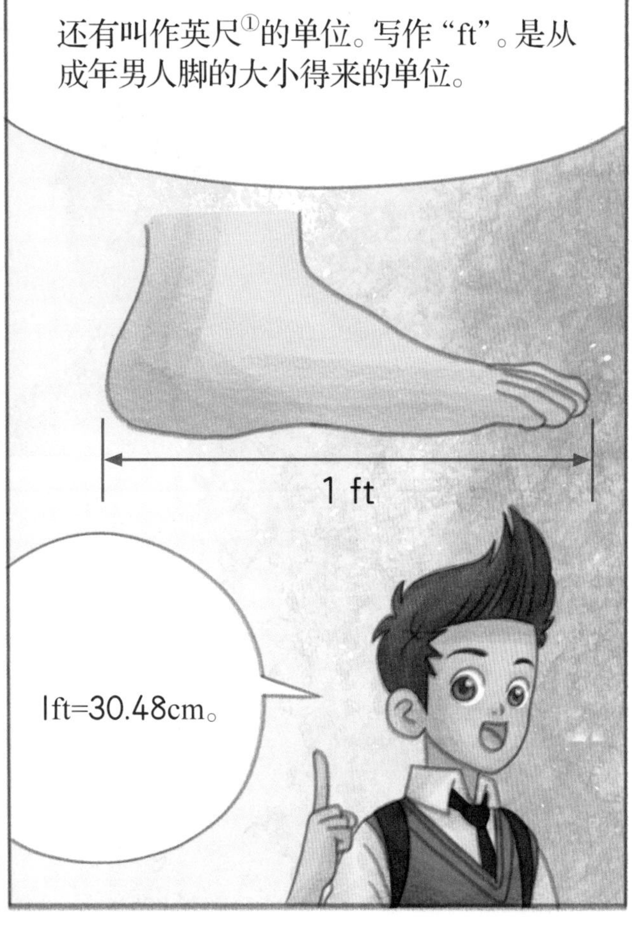

①英尺(ft),英美制长度单位。

①码（yd）和英里（mile）都是英美制单位。

英里是长度单位，写作mile。
大约是1km600m的长度。
据说是从以前军人行军时的距离而来。
那么码是什么啊？
我也听说过码。
之前和爷爷去打猎的时候……
爷爷说弓箭能射出去300yd那么远。

据说还有腕尺这个长度单位。

1腕尺是成人从中指指尖到手肘的长度，大概是46cm。
1腕尺
1in
1in
1in
1yd
码写作“yd”，1yd大约是91cm。
1yd约是1腕尺的2倍，是1ft的3倍。

从短的开始排
顺序的话，
应该是英寸，英尺，
腕尺，码，英里。
它们不是像毫米、厘米、米、
千米一样，
是10倍，100倍，1000倍差异
的单位啊。
英寸、英尺、腕尺
都来源于身体的
一部分……

英寸来源
于手指的
宽度。
英尺来源于
脚的长度。
腕尺是中指
指尖到手肘
的距离。
说几英寸、几英尺、
几码的话也能知道
长度。

但是这是
什么啊?
是什么标示牌啊?
啊?
有标示牌啊。

不要去上涌湖?
那不是我们要去的地方吗?
是啊……

看来是一个可怕的地方啊。
不管怎样，我们都得去啊。

为什么拿出卷尺啊?
想用一下学到的东西。

到现在为止，
我们学了很多的长度单位。
你想要量一下标示牌的长度？

横向是125cm
竖向是95cm。

看一下那个卷尺的后面？

翻转
后面？

哦?后面也有
刻度?
但是刻度有点
奇怪啊。

那个刻度是英寸。
测量一下从标示牌
的左下角到右上角
的长度。

用英寸来表示一下。
知道了。

标示牌对角线的长度是和62的刻度对齐。
是62in的意思吗?
是的。

但是有必要用英寸表示吗?
用厘米表示的话不是很方便吗?

是有理由的。
测量四边形对角线的长度时经常使用英寸。

这里左下角到
右上角,
因为这个长度用英寸
来测量的话,横向和
纵向的长度
在比例固定的情况下
可以一下估量出来。
125cm
95cm
62 in
原来如此。
多亏李安,我们
又学到了新的
知识。

姐姐!
我们也量一下
鞋子吧!
行!

我的鞋子大概
是22cm长。
你的脚大
小和我的
一样吗?

我来测量一下。
好啊。

看好了。是215mm。
那有什么
区别吗?

那么你穿一下我的鞋子。
要这样吗？

哦，鞋子很宽松的是吧？
摇晃——
你看看，连5mm也不能小瞧的。

知道了为什么鞋子的尺寸要用毫米来表示了吧？
嗯，现在好像知道了。

我还想测量一下别的东西。
测量什么比较好呢？

啊！来量一下纳姆特胳膊的长度吧！
嗯？

为什么啊？就只是量一下胳膊的长度啊……
扎
挣
讨厌！就是讨厌！说了不喜欢！

什么掉了？
哦？

啪嗒
ft

这个东西为什么在纳姆特的身体里啊？

之前沃尔特说也许会用得上，所以就放在我身体里了。
原来如此。

这是英制尺啊。

纳姆特胳膊的长度是25in！
啊！

我要用英制尺来测量一下。
颤颤悠悠

纳姆特胳膊的长度是2ft?
我是什么玩具嘛!

2ft的话是24in。
这种时候用英制尺好像不太合适。

为什么? 大约2ft是对的啊!
24in和25in足足有1in也就是2cm54mm的差异啊。

试想一下，如果是鞋子，
2cm54mm左右大一些或者小一些的话会怎么样？
好像会非常大或者……
会小到没办法穿啊。

那么英尺要在什么时候使用啊？
制作桌子的时候就可以用。

哥哥，这个卷尺可以借我用用吗？
好！

爱丽丝，你在写些什么啊？

哦……啊……那个……从刚才拿到卷尺我就在测量距离。
什么？
用卷尺测量吗？
到这里为止，我们走了1300m。
1300m吗？

也可以用不同的方式
来表达……
啊，lkm300m!

对。只用米来表示距离
的话有时数字可能会非
常大。
所以活用千米
的话会很好。

爱丽丝总能给
人惊喜。
是啊。还能用
卷尺量走过
来的距离，嘿
嘿……

啊！这是什么啊！
地面裂开了啊。
要怎么越过去啊？

宽度大概是5m。
用木头造座桥
不行吗？

搬运起
来也不
容易啊？
找那么大的木头
很难啊。

大块木头可能会很难找，但是……
找到两块小木头然后连起来怎么样？
好像是个不错的
想法？
好！那么先找
木头吧。

那么要再回到
森林里了。
木头好像会有
很多。

两块木头合起来要有
5m才可以。

这个木头好像挺不错的。
好。
我也找到木头了。

现在两块木头的长度……
有没有到5m，我们来测量一下吧。
我要来测量。

这块木头是2m38cm。

然后这块木头是2m61cm。

但是这两块木头的长度怎么相加啊？
相同单位之间相加就可以了。

那么先加哪个单位啊？
数字相加时也是从小的单位开始相加的吧？

所以先从厘米相加对吧？
对的。爱丽丝要试试吗？

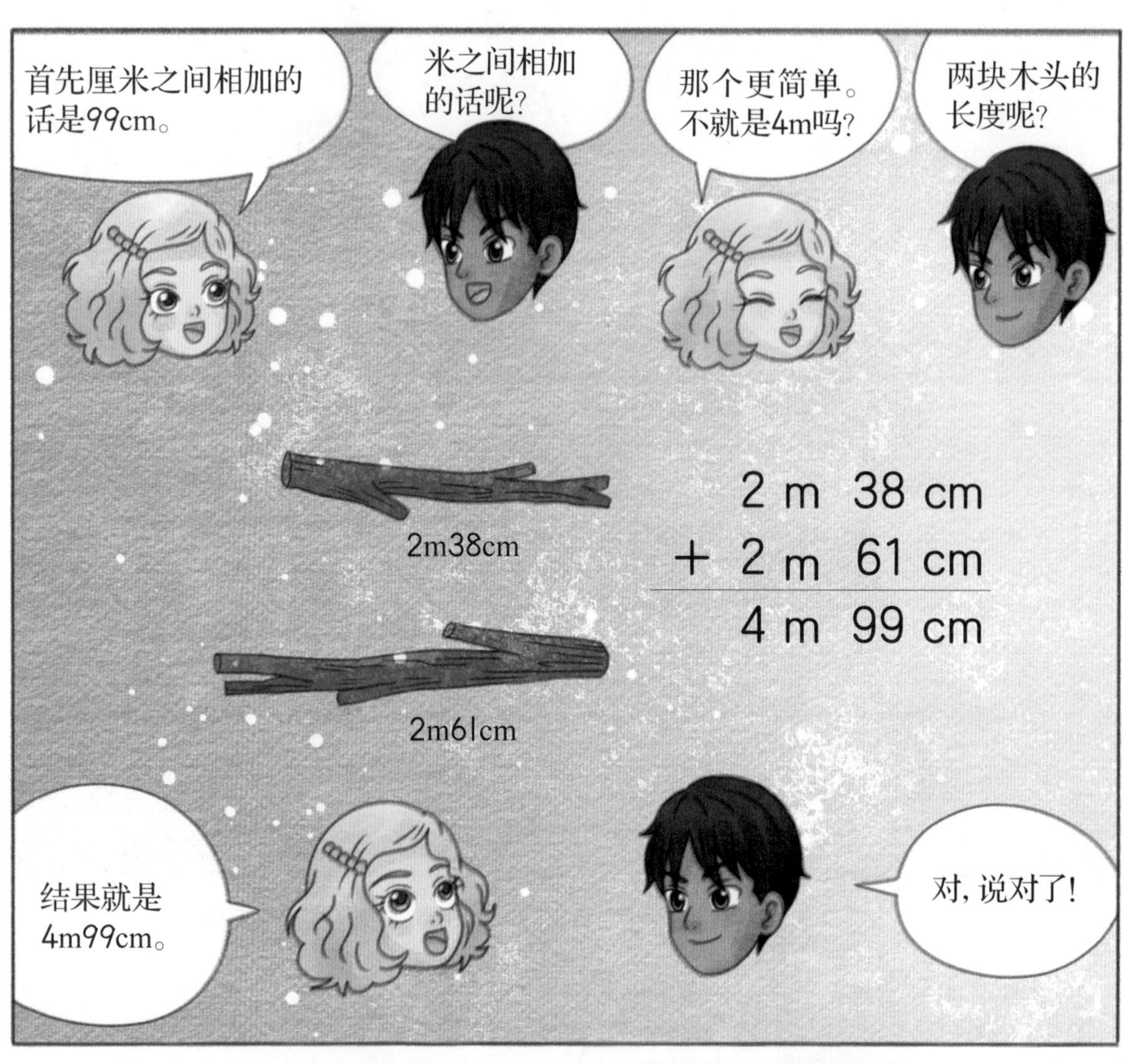
首先厘米之间相加的话是99cm。
米之间相加的话呢?
那个更简单。不就是4m吗?
两块木头的长度呢?
2m38cm
2m61cm
2 m 38 cm
+ 2 m 61 cm
4 m 99 cm
结果就是4m99cm。
对, 说对了!

两块木头怎么合起来啊?
我们没有带子或者绳子啊……

藤条怎么样?

纤细的藤条不就可以像
麻绳一样使用了吗?

啊!找木头的时候
好像看到过。
那赶紧去拿
来吧。

现在能过去了吗?
会过去的。
这个嘛……

这种可以吗?
好像太短了。

那么这个呢?
这个也差不多啊。

想把两块木头绑在一起的话大概需要1m才行啊。
那么我再去找一下更长的藤条。

有其他的方法吗?
不是!
不需要那样。

把两根藤条连起来
应该就可以了。
啊！还有这种
方法啊。
掌
鼓

首先先测量一下
帕维尔带回来的
藤条的长度。
这个藤条的长度
是45cm7mm。

那么，诺米带回来的藤条
长度呢？
是47cm9mm。

要把藤条的长度
合起来才行。
等一下，我来试着计算一下。

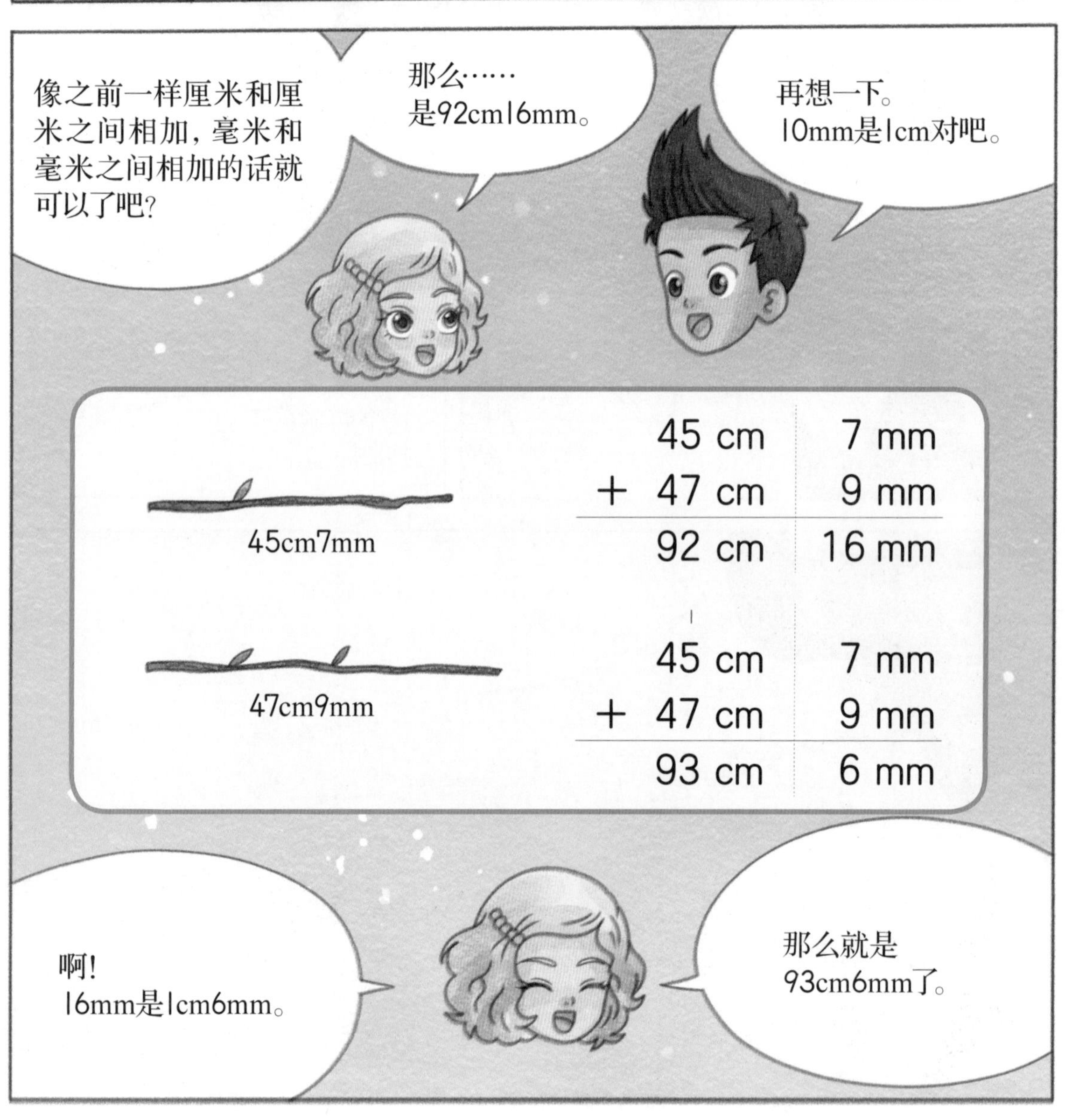
像之前一样厘米和厘
米之间相加，毫米和
毫米之间相加的话就
可以了吧？
那么……
是92cm16mm。
再想一下。
10mm是1cm对吧。
45cm7mm
47cm9mm
45 cm 7 mm
+ 47 cm 9 mm
92 cm 16 mm
1
45 cm 7 mm
+ 47 cm 9 mm
93 cm 6 mm
啊！
16mm是1cm6mm。
那么就是
93cm6mm了。

这样的话应该可以把两块木头连起来了。
我来帮忙。

这样就可以了。
现在只要连接上的话就行了。

递过去试试吧!
好,试一试。

哐

什么啊!
哐
这个……
都碎了啊。
哐
哐

怎么感觉很不安啊。
现在怎么办啊?

要走裂开的土地尽头吗?
也不知道到底有多远啊。

我有一个好方法!

啊!坐着纳姆特到裂开的
土地尽头就可以了啊。
砰
好!
马上就能到了。

还有更好的
方法!
更好的方法?
那是什么啊?

来！
奔跑吧！
为什么往反方向开！
噗啊啊啊昂
纳姆特，干吗呢！

请安静地看看风景！
哦？
嘎吱
什么啊？

咣当
哦？

呜！
纳姆特最棒！
太厉害了！
正是这样呀！
嗒
噗啊啊啊昂
腾
早点儿这样子做啊。

菲利普哥哥，
我有个好奇的
事儿。
什么？

假设我们走了
3km800m……
又走了1km600m的话，

因为说了相同单位之
间相加的话，所以是
4km1400m的吗？
对是对的。

但是
1000m=1km,
所以
1400m=1km400m。
所以应说是
5km400m才行。
原来如此。那么都
换算成米去计算的
话好像也可以。
3 km 800 m
= 3800 m,
1 km 600 m= 1600 m,
相加得5400 m,
所以是5 km 400 m。

再告诉你一点。
800m和600m相加的话不就是1400m的嘛。
进位之后再计算也可以。
1
3 km 800 m
+ 1 km 600 m
5 km 400 m

真的可以用多种方式来计算的啊。
就是说啊。

现在是快到了吗?
只要越过那个山丘应该就能看见湖了吧?

这又是
什么……
要爬上去
才行？

应该可以直接
爬上去……
为什么？
有什么问题吗？

你们能爬上去，
但是……
对我来说就比
较难了……

你们和我身高
不一样啊。
我也……

你和我的身高
差多少啊?
无语啊……

直接量完,比较一
下就能知道了吧。
那么先量一下
我的身高吧。

你是1m55cm,
我是1m20cm。
相差多少啊?

求长度的差和求自然数的差其实没有什么不同。

求自然数差的时候……

啊，相同数位的数之间进行计算。

是先从个位数开始相减的啊。

55cm减去20cm等于35cm。

1m减去1m的话是0啊。

1 m 55 cm	←	诺米的身高
− 1 m 20 cm	←	帕维尔的身高
35 cm	←	诺米和帕维尔的身高差

现在知道了你和我的身高差多少了吧?
嗯……

差这么多呀!
我很生气的!

嗯,好像是呢?
啊!我们先上去的话不就可以了!

赶紧上来吧。
我也是瞎担心了。

有纸或者布吗？
怎么了？

为了回来的时候更容易找到路，所以要做一个标志。
从这里开始不就没有路了嘛。

我有纸。
李安！聪明啊？

但是纸太轻了……
也有可能就被风吹跑了。

我有一个铁板!
啊!把纸贴在铁板上的话就可以了!
嘶

但是纸和铁板的大小好像有点儿不一样。

我来测量一下铁板的长度吧。
那么我来测量一下纸的长度。

铁板的竖向长度是10cm3mm。
横向长度是23cm5mm。

纸的竖向长度是12cm8mm。
那么剪去2cm5mm的话就可以了!

你怎么能马上就知道竖向长度的差啊?
只要相同单位之间相减就可以了。

问题是横向长度
好像比铁板短。
纸的横向长度是多少啊？

是19cm8mm。
那么横向长度差多少啊？
计算一下就知道了。

23cm5mm减去
19cm8mm的话……

哦？我知道的是相同单位之间相减……
这样子毫米之间计算的时候5是没有办法减去8的啊，怎么办？

在数量的减法里这种时候要怎么办啊？
那当然是借位就可以了。

啊！那么在求长度差的时候也借位就可以了吗？
是，对的。

我们知道1cm是多少
毫米来着?
是10mm。
啊! 那这样子做就可以了。

然后因为从23cm里借出来1cm……
那就剩下22cm吧?
从22cm里减去19cm
的话是3cm。
23cm借位出1cm然后
1cm转换成10mm的话
15mm-8mm。那么就
是7mm了啊。
铁板的横向长度和
纸的横向长度之差
就是3cm7mm!
22 10
23 cm 5 mm
- 19 cm 8 mm
3 cm 7 mm

竖向只要剪一下纸就行但是……
横向的话不能剪铁板，那就贴一下呗！

爱丽丝，我再教给你一点。
真的？谢谢！

假如你和我在赛跑……
我跑了5km500m
你跑了3km200m。
我比你多跑了多少？

5km500m减去
3km200m的话……
差2km300m啊。

做得不错。
假设这次我跑了
9km200m,
你跑了7km800m的
话,我多跑了多远?

好像差不到2km的样子。

是吗？要准确计算一下差多少。
因为1km=1000m，所以9km200m=9200m。7km800m也一样换算的话就是7800m。
相减的话就有9200m-7800m=1400m。
9 km 200 m
− 7 km 800 m
8 1000
9 km 200 m
− 7 km 800 m
1 km 400 m
好，对了。这样子也可以解出来吧？
200m没办法减去800m所以……
借位的话就可以了！

弥诺陶洛斯好像
也被打败了。
令人寒心的
怪物……

你们现在可以正式出马了。
没问题。

那些孩子们的魔法会越来越强的。
……

沃尔特也在吧？
咯噔
咯噔
咯噔
你们能应付的
了他们吗？
……
不要担心。这就赋予
你们特别的力量。
啊？

给你们强大的魔法之力!
你们现在会成为最厉害的魔法师!
啪叽叽

呲啊啊啊
呃啊啊啊啊啊!
啊

练习

任意单位量长度

漫画中的数学故事

前往村子的途中，爱丽丝和朋友们碰到了岔路，他们在苦恼着要走哪条路。李安和菲利普教给朋友们单位长度的知识并很快地找到了村子

使用小单位长度测量的话次数更多，使用长单位长度的话测量次数更少。

知识点

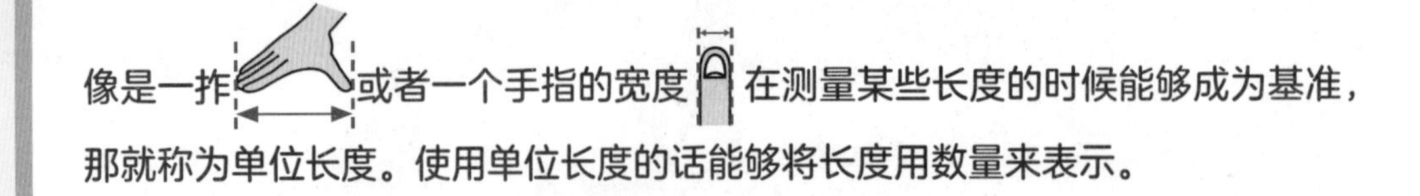

像是一拃或者一个手指的宽度在测量某些长度的时候能够成为基准，那就称为单位长度。使用单位长度的话能够将长度用数量来表示。

练习01 想要用大拇指来测量铅笔的长度。铅笔的长度是大拇指宽度的几倍？

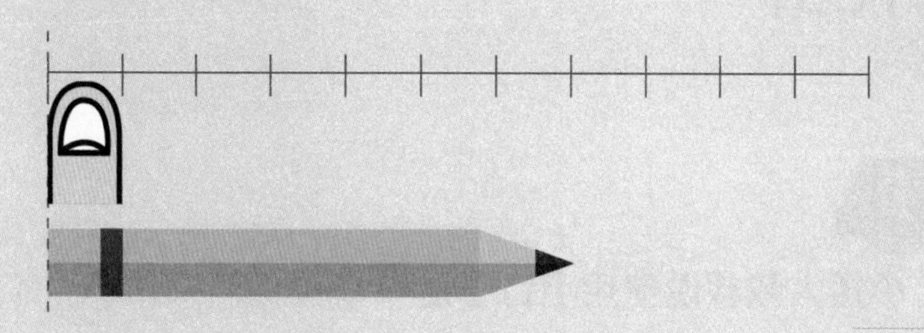

练习01-1 想要使用我们身体的一部分来测量下列物品的长度。请用线连接出合适的身体部位。

橡皮的长度	•	• 
教室从前到后的距离	•	• 
书桌的横向长度	•	• 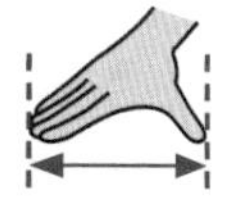

练习01-2 请仔细阅读李安和诺米的对话并回答问题。

李安：要用什么物品来测量隔板的长度啊？

诺米：等一下，我有铅笔和梳子，还有硬币。

 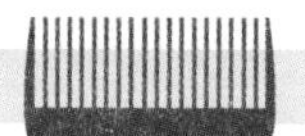 

李安：嗯……用什么物品测量才会次数最少啊？

诺米：这个嘛……

测量次数最少的物品：______________________

理由：______________________

2 长度

了解1cm

漫画中的数学故事

测量完床的长度之后，小矮人叔叔说使用小钉子这个单位长度太累了。李安教给叔叔如何使用尺子。

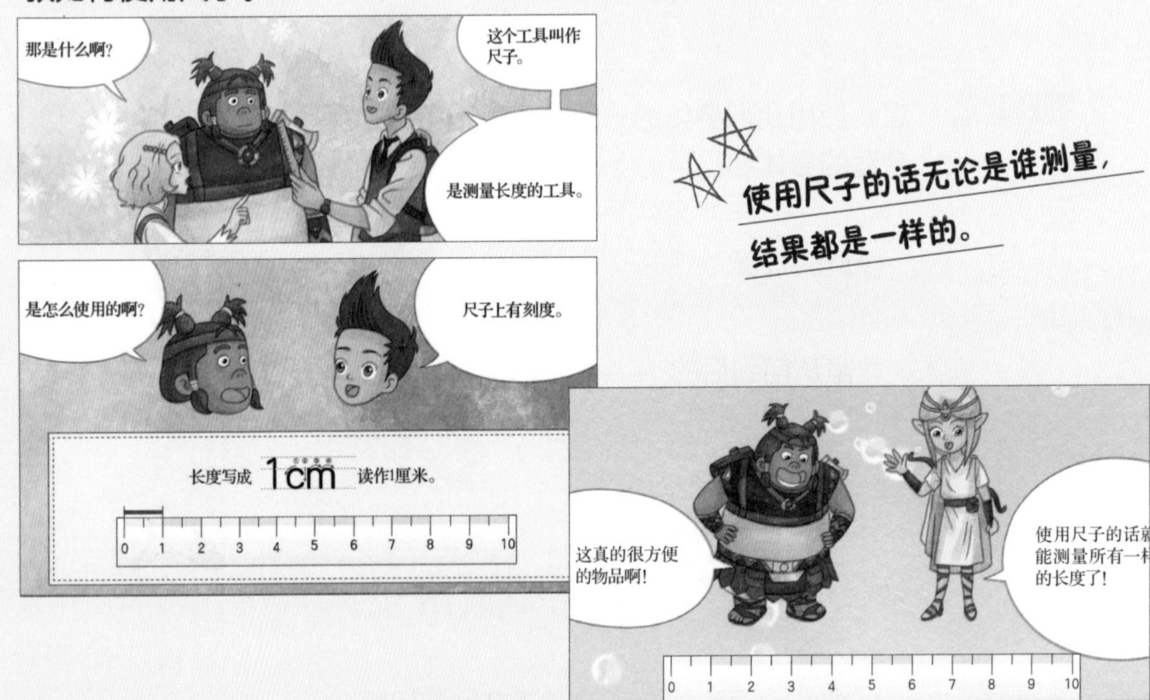

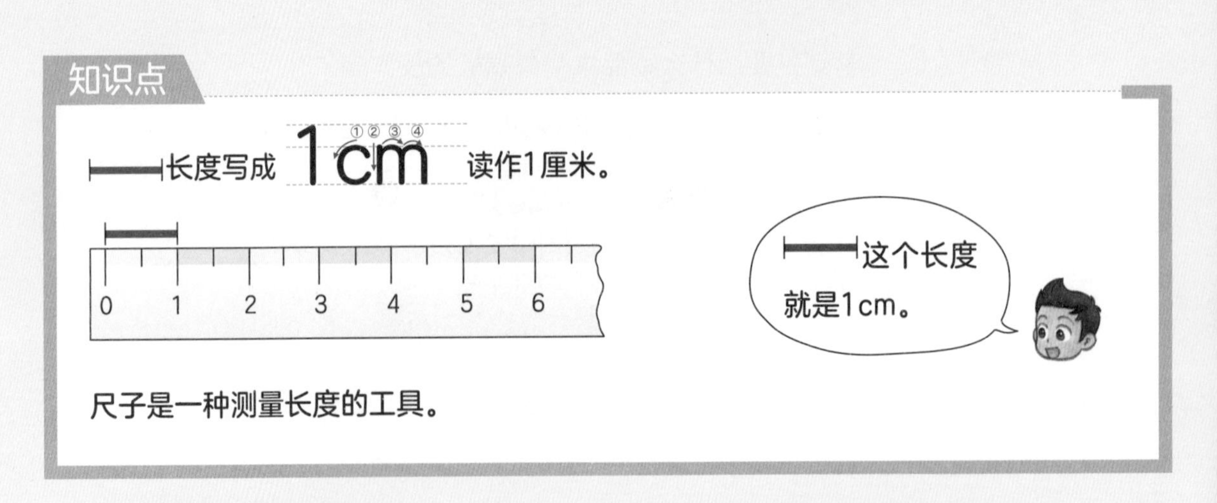

知识点

长度写成 1cm 读作1厘米。

尺子是一种测量长度的工具。

练习 02 看图回答问题。

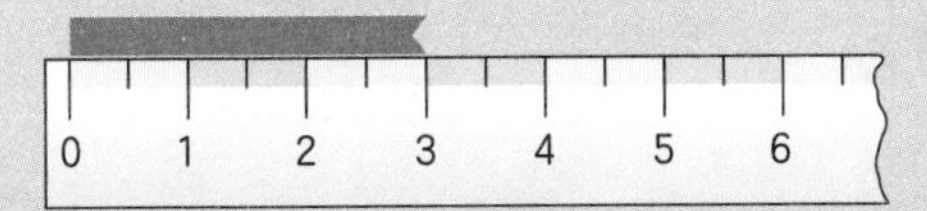

（1）丝带的长度是几个1cm?

（2）丝带的长度是多少?

练习02-1 看图回答问题

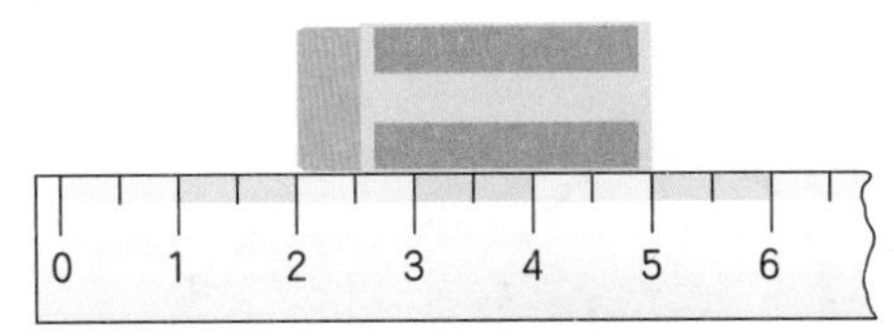

（1）橡皮的长度是多少?

（2）请说明正确测量长度的方法。

练习02-2 请仔细阅读李安和爱丽丝的对话并回答问题。

李安：爱丽丝，给我剪一个两拃长的红色丝带。

爱丽丝：哥哥，我拿来丝带了。

李安：哦，丝带怎么这么短？这长度不到两拃啊。

爱丽丝：不是啊，我准确地测量了两拃然后拿过来的！

李安：为什么都是两拃但是长度不同啊?

（1）请写出爱丽丝拿来的丝带与李安想象的丝带长度不同的理由。

（2）请思考并写出为了以后李安和爱丽丝不再遇到这种事情的解决方法。

3 长度

使用尺子量长度

漫画中的数学故事

朋友们来到了食堂，但是爱丽丝和叔叔都想要吃掉最后一个面包。最后决定谁能更准确地测量出面包的长度就给谁吃。

物品长度指向尺子刻度之间时，读离得近的一边的数字，大约是几厘米就可以。

知识点

使用尺子测量物品长度的方法（1）

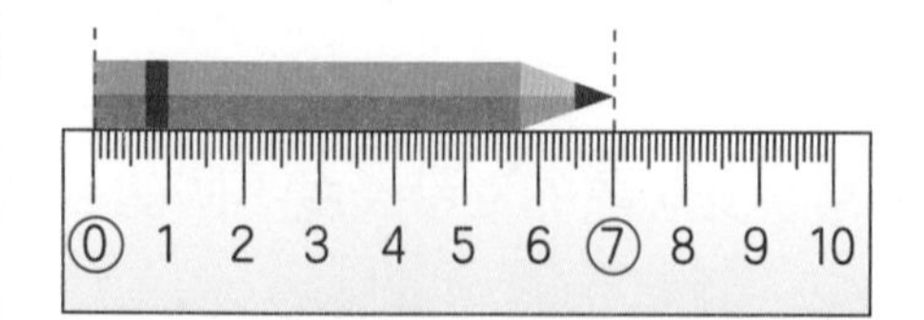

① 物品的一端与尺子的0刻度对齐。

② 读出物品另一端对齐的尺子刻度。

使用尺子测量物品长度的方法（2）

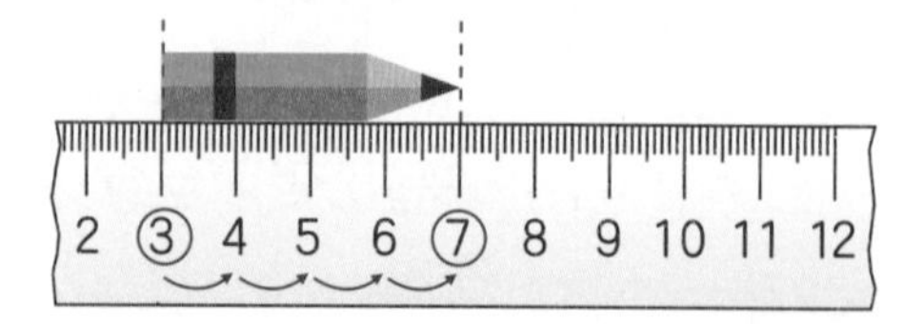

① 物品的一端与尺子的一个刻度对齐。

② 物品另一端对齐的尺子刻度减去物品最开始的刻度就可以了。

练习03 请估算箭头的长度，并使用尺子进行测量。

（1）估算的长度约是多少？约 □ cm。

（2）箭头的长度接近 □ cm，所以大约是 □ cm。

练习03-1 请找出两个长度为2cm的回形针。

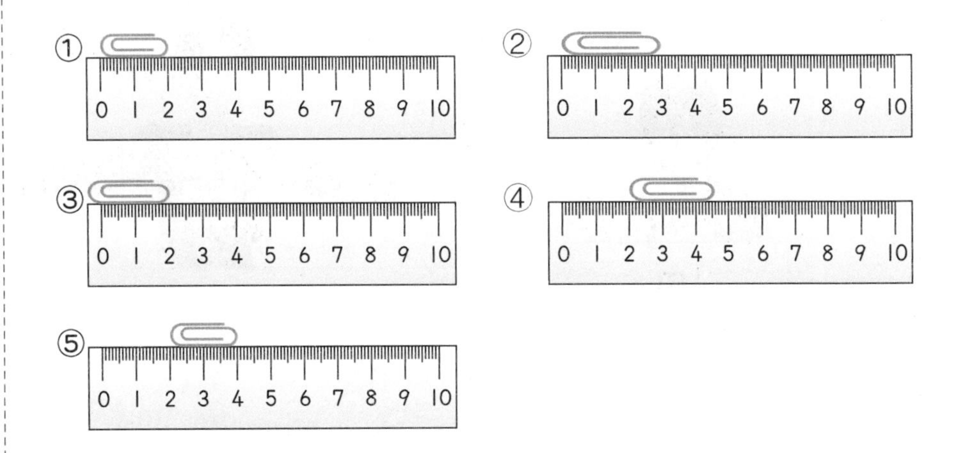

练习03-2 使用尺子测量棍子的长度。请看图选出说明最正确的选项。

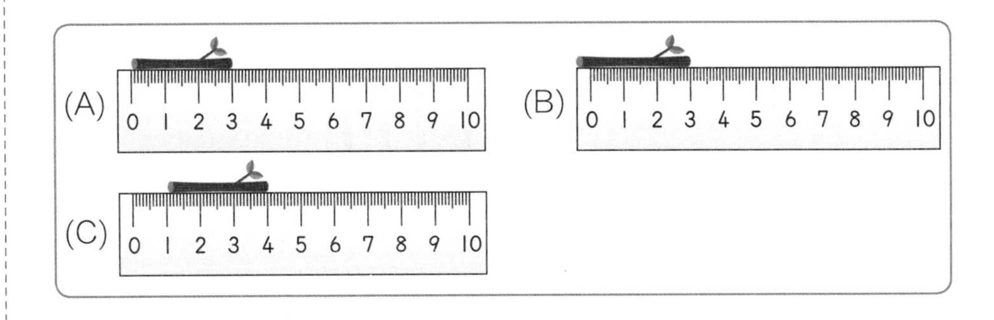

① 图（A）和图（B）棍子的一边都在3的位置上所以棍子的长度一样。

② 像图（A）一样把棍子的一端和尺子的0对齐之后测量长度才更准确。

③ 像图（B）一样把棍子与尺子的尾端对齐之后测量更为准确。

④ 图（C）棍子的一端在4的位置上所以棍子的长度是4cm。

了解1m

漫画中的数学故事

爱丽丝想要比较两名小矮人叔叔的身高。
用10cm长的尺子来测量身高很不方便，所以菲利普告诉了她一个更好的方法。

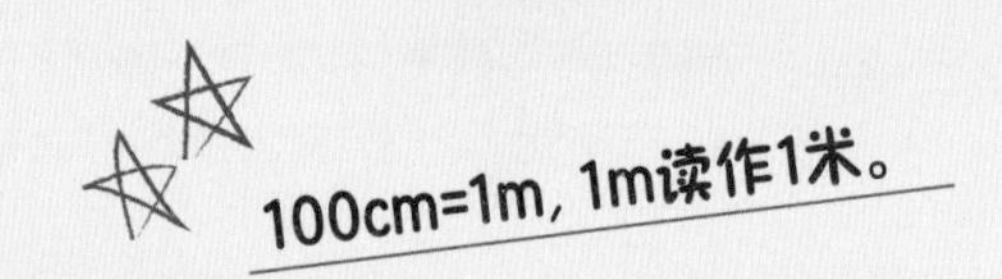

知识点

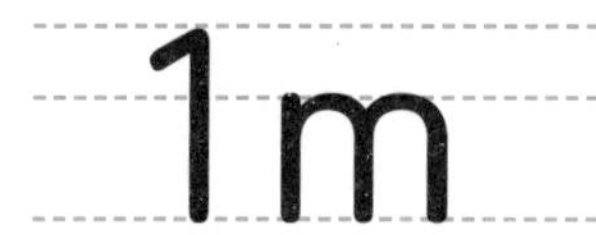

100cm读作1米，1米写作1m。

100 cm = 1 m

125cm写作1m25cm，读作1米25厘米。

125 cm = 1 m 25 cm

练习04 请选出长度不同的选项。

① 1 m　　② 100 cm　　③ 1 米

④ 10 cm　　⑤ 100 厘米

练习04-1 在 □ 里填入正确的数字。

(1) 5 m = □ cm

(2) 426 cm = □ m □ cm

(3) 8 m 34 cm = □ cm

练习04-2 请选择两种物品，分别用这两个物品表示出1m。

1cm长的方块， 10cm长的吸管，50cm长的纸棍

①

____

____

②

____

____

了解1mm

漫画中的数学故事

诺米和朋友们为了制造刀鞘而去测量短剑的长度。爱丽丝和帕维尔测量的短剑长度是不同的。为了正确测量出长度所以需要更准确的单位长度。

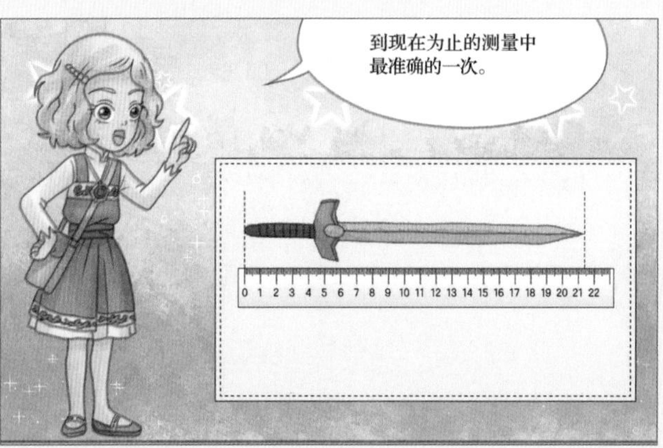

为了测量出比1cm更小的长度就要使用1mm这个单位长度。

知识点

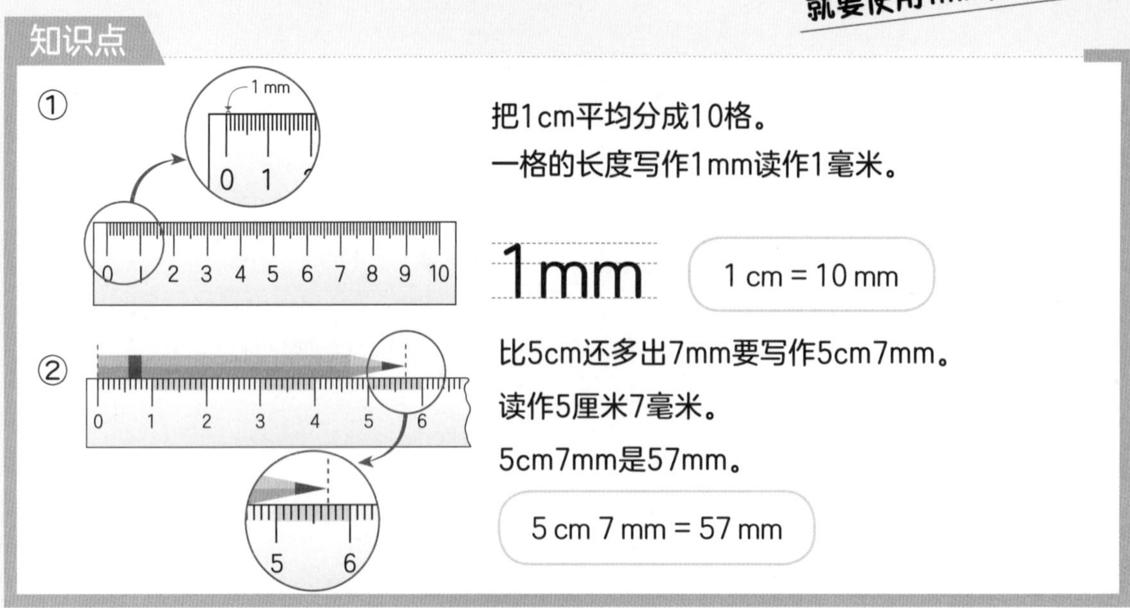

①

把1cm平均分成10格。

一格的长度写作1mm读作1毫米。

1mm

1 cm = 10 mm

②

比5cm还多出7mm要写作5cm7mm。

读作5厘米7毫米。

5cm7mm是57mm。

5 cm 7 mm = 57 mm

练习05 请在下列“□”里填入合适的话。

把1cm平均分成10格。

一格的长度写作 ______ 读作 ______ 。

练习05-1 请把表示长度相同的方框用线连起来。

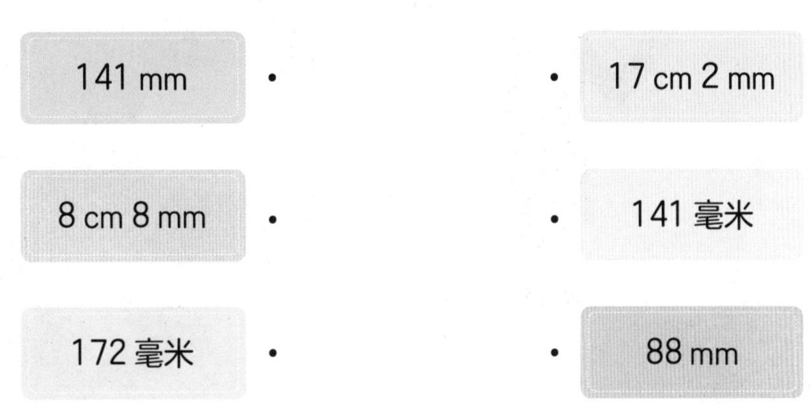

练习05-2 请写出第三长的铅笔的长度。

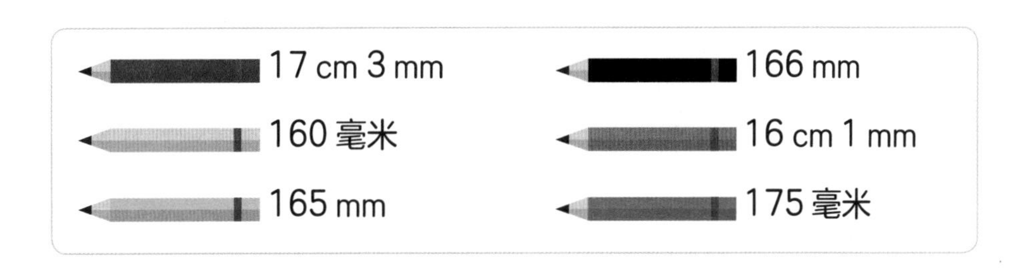

了解1km

漫画中的数学故事

为了找寻第二块碎片，朋友们离开了村子继续冒险。

超过1000m的长度要使用km来表示。

知识点

1km

1000m写成1km，读成1千米。

1000 m = 1 km

或者比1km还长200m，可以写成1km200m读作1千米200米。

1 km 200 m = 1200 m

1km 200 m

练习 06 请在□中填入合适的数字。

1000m写成□km。

比1km还长200m，可以写成□km□m，

或者是□m。

练习06-1 请把表示长度相同的方框用线连起来。

9 km 80 m •	• 9008 m
9 km 8 m •	• 9080 m
9 km 800 m •	• 9800 m

练习06-2 请把距离从远到近进行排列。

Ⓐ 1 km 250 m　Ⓑ 1300 m　Ⓒ 1305 m

Ⓓ 1 km 9 m　Ⓔ 1090 m　Ⓕ 1025 m

7 长度

了解英寸、英尺、码、英里

漫画中的数学故事

朋友们击退了弥诺陶洛斯之后又踏上了冒险的道路。
李安把在学校学到的多种长度单位都教给了朋友们。

测量长度的各种单位里还有英寸、英尺、码、英里。

知识点

在没有尺子的时候，可以使用身体的一部分来测量长度。

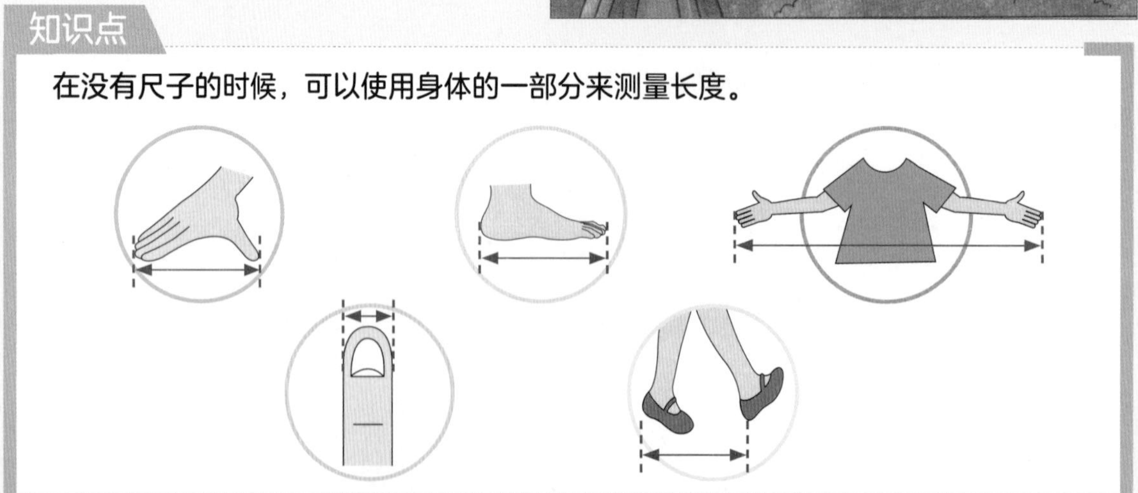

练习07 请用线将下列图片和与之相符的单位连起来。

(1) 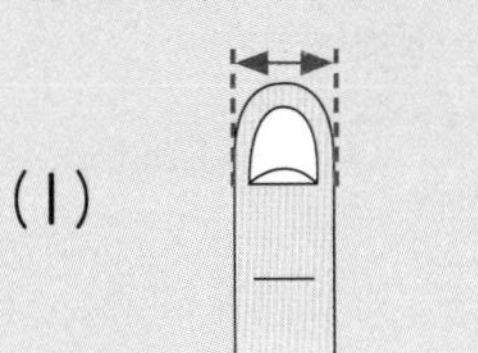 • • ① 英尺

(2) • • ② 英寸

练习07-1 如果想要用腕尺来测量长度的话，请将合适的选项全部找出来。

Ⓐ 橡皮的长度 Ⓑ 我的身高
Ⓒ 黑板横向的长度 Ⓓ 我的脚的长度
Ⓔ 铅笔的长度 Ⓕ 门的纵向长度

练习07-2 下列出现的长度中最长的是哪个？

今天我在学校学了长度单位。回到家我看到电视上写着46in。吃晚饭的时候家人们一起说了说今天发生的事，哥哥说在体育课上跑了1英里；弟弟说今天跳远了，他跳到了3ft远。还有妈妈说她在高尔夫球场把球打到了30yd远。

8 长度

使用恰当的单位测量长度

漫画中的数学故事

爱丽丝和朋友们在学习李安教的多种长度的单位。
学习把不合适的单位转换成合适的单位。

要根据测量长度的情况使用合适的单位进行长度测量。

知识点

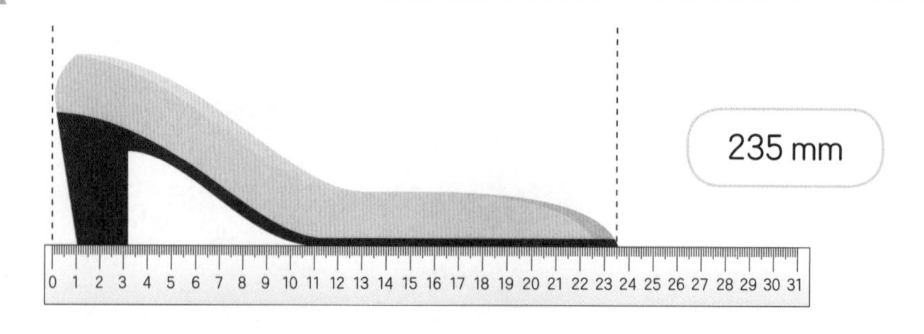

要准确测量长度的时候要使用比厘米小的单位长度毫米，这样会更准确。

练习08 请用“○”标出在测量下图鞋子的时候最适合的单位长度。

cm	mm	m	km

练习08-1 请找出最为合适的单位。

cm	mm	m	km	in

箭头的长度

李安的腰围

______ ______

练习08-2 请写出爱丽丝会如何回答李安的提问。

（爱丽丝和李安正在测量吉利的裤子）

李安：吉利的裤子约是2ft。

爱丽丝：（一边在重新测量着吉利的裤子）吉利的裤子有26in啊？

李安：（展示着英制尺）是2ft的啊……

爱丽丝：英尺？测量裤子的话好像比起英尺，英寸更合适啊。

李安：为什么？

爱丽丝：______

李安：测量物品的长度时选择合适的单位很重要啊。

9 长度

长度的加法

漫画中的数学故事

朋友们想要把两根结实的木头连在一起做成桥。

做长度的加法时cm和cm，mm和mm，km和km之间分别相加。

知识点

了解长度的加法

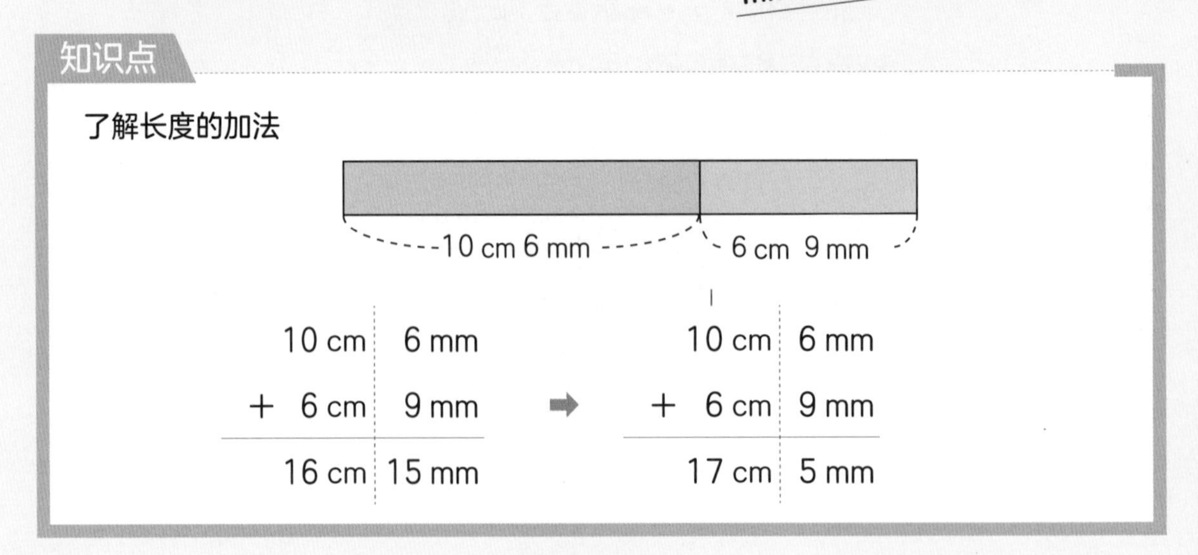

练习09 请计算。

（1）42 cm 2 mm + 31 cm 7 mm

（2）
```
   15 cm  6 mm
+  28 cm  5 mm
```

练习09-1 李安的教室离菲利普的教室有13m45cm远，菲利普的教室离帕维尔的教室有11m63cm远。那么李安的教室到帕维尔的教室距离是多少？

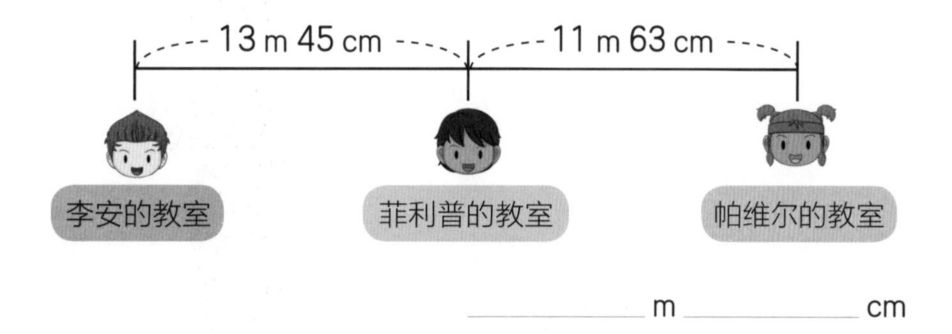

______ m ______ cm

练习09-2 诺米去了一趟超市之后又去了学校，吉利去了医院之后也打算去学校。假设要走的距离远的人骑自行车的话，请回答出谁是要骑自行车的人，以及用自行车要骑行的距离。

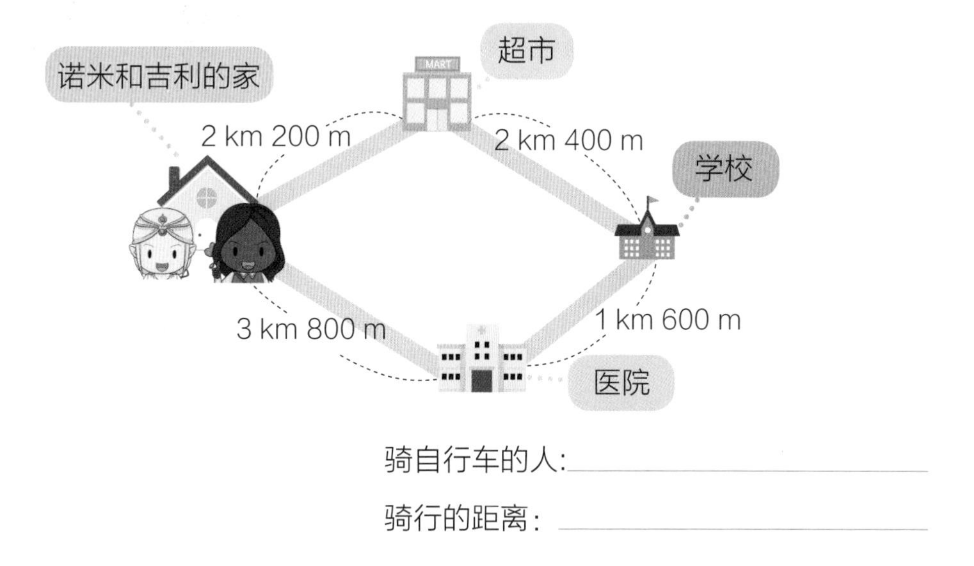

骑自行车的人：______

骑行的距离：______

10 长度

长度的减法

漫画中的数学故事

平安无事越过桥的朋友们正在朝着湖走去。李安和菲利普教给爱丽丝和帕维尔长度的减法。

小单位之间没有办法相减的时候要从大单位借位。

知识点

了解长度的减法

23 cm 5 mm

19 cm 8 mm　　☐ cm ☐ mm

	22	10
	~~23~~ cm	5 mm
−	19 cm	8 mm
	3 cm	7 mm

练习 10 请计算。

(1) 16 cm 4 mm − 5 cm 2 mm

(2)
  12 cm 7 mm
− 9 cm 9 mm

练习10-1 帕维尔的家到学校的距离是3km300m。帕维尔去了一趟文具店，家到文具店的距离是1km500m。请写出帕维尔要从文具店去学校的话需要走多少千米多少米。

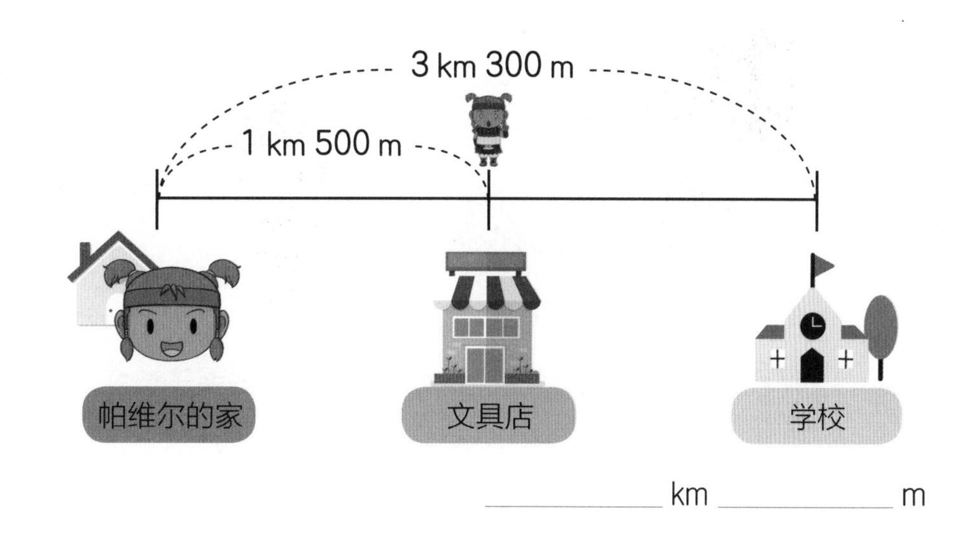

______ km ______ m

练习10-2 请求出第二长的长度和最短的长度的差。

Ⓐ: 1 m 35 cm　　Ⓑ: 96 cm
Ⓒ: 98 cm　　Ⓓ: 1 m 12 cm
Ⓔ: 1 m 7 cm　　Ⓕ: 1 m 29 cm

______

长度

长度的加法

题目 请阅读李安和爱丽丝的对话并回答问题。

1 请写出在不能直接比较李安和爱丽丝拿来的绳子长度时，该用什么方法进行比较。

2 用魔法棒来测量李安和爱丽丝的魔法绳子。李安的绳子要用魔法棒测量20次，爱丽丝的绳子要用魔法棒测量18次。请对谁的魔法绳子更长进行说明。

3 1个红绳子的长度是3m，1个黄绳子的长度是2m。请写出李安和爱丽丝制作的魔法绳子中谁的魔法绳子更长以及长多少。

长 度

长度的减法

题目 请阅读李安说的话，写出移动台灯之前的影子和移动之后的影子的长度差。

台灯和物体的距离变近的话，影子会变短。所以，先把手电远远地放着，之后测量出的影子长度有2m3cm，把手电放近之后再测量我的影子长度有1m25cm。

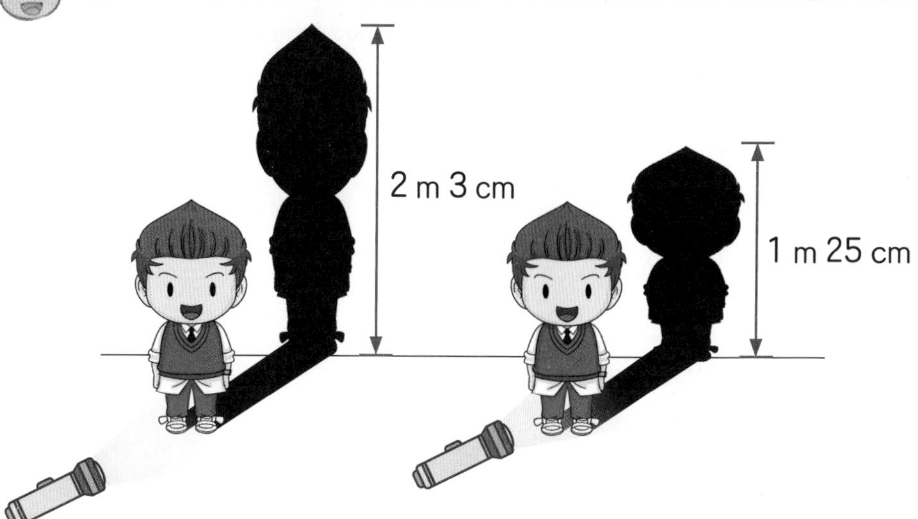

解题过程

答案

图书在版编目（CIP）数据

李安的数学冒险. 长度 / 韩国唯读传媒著；王曜译.
-- 南昌：江西高校出版社, 2022.11
ISBN 978-7-5762-0004-1

Ⅰ. ①李… Ⅱ. ①韩… ②王… Ⅲ. ①数学－少儿读物 Ⅳ. ①O1-49

中国版本图书馆CIP数据核字(2021)第280080号

策划编辑：刘　童
责任编辑：刘　童
美术编辑：龙洁平
责任印制：陈　全

出版发行：江西高校出版社
社　　址：南昌市洪都北大道96号（330046）
网　　址：www.juacp.com
读者热线：(010)64460237
销售电话：(010)64461648

印　　刷：北京印匠彩色印刷有限公司
开　　本：787 mm×1092 mm　1/16
印　　张：11.5
字　　数：150千字
版　　次：2022年11月第1版
印　　次：2022年11月第1次印刷
书　　号：ISBN 978-7-5762-0004-1
定　　价：35.00元

赣版权登字−07−2022−5